런런 옥스퍼드 수학

곱셈과 나눗셈, 분수

5권

KB130614

안녕!
나는 제록스야.

차 례

3단 곱셈

1 곱셈식에 알맞게 스티커를 붙이고
빈칸에 알맞은 수를 쓰세요.

> 물건을 몇 개씩 몇 줄로
> 배열하면 곱셈식으로
> 나타내기 좋아.

기억하자!

어떤 수에 3을 곱하여 나온 값의 각 자리의
수를 더하면 3의 배수가 돼요.

1

3 × 3 = ⬜

2

3 × 5 = ⬜

---

2 다음 곱셈을 하세요.

1 3 × 7 = ⬜

2 3 × 0 = ⬜

3 3 × 9 = ⬜

4 3 × 2 = ⬜

5 3 × 11 = ⬜

6 3 × 12 = ⬜

---

3 곱셈을 하여 자동차와 알맞은 차고를 선으로 이어 보세요.

33   36   21   24   27

3 × 7   3 × 9   3 × 8   3 × 12   3 × 11

4 비행기 그림을 보고 나눗셈을 하세요.

1

6 ÷ 3 = ☐

2
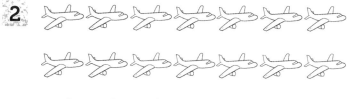

21 ÷ 3 = ☐

5 다음 나눗셈을 하세요.

1 12 ÷ 3 = ☐   **2** 27 ÷ 3 = ☐   **3** 33 ÷ 3 = ☐

4 9 ÷ 3 = ☐   **5** 36 ÷ 3 = ☐   **6** 18 ÷ 3 = ☐

6 나눗셈을 하여 깃발과 알맞은 배를 선으로 이어 보세요.

 9
 12
 8
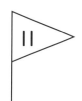 11
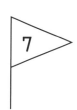 7

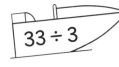 33 ÷ 3
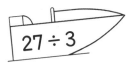 27 ÷ 3
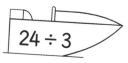 24 ÷ 3

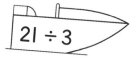 21 ÷ 3
36 ÷ 3

칭찬 스티커를
붙이세요.

체크! 체크!
나눗셈의 몫에 3을 곱해서 다시 나누어지는 수가
나오면 답이 맞은 거예요.   ☐

문제를 다 푼 다음, 32쪽으로!

4단 곱셈

1 말의 다리 수를 더해 보세요.

기억하자!
곱셈은 같은 수를 여러 번 더하는 것과 같아요.
$4 × 3 = 4 + 4 + 4 = 12$예요.

4 + 4 + 4 + 4 + 4 = ☐

그래서 $4 × 5 = $ ☐

2 들어가면 '곱하기 4'가 되는 기계에서 출구로 나오는 수를 빈칸에 쓰세요.

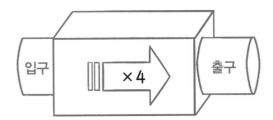

입구	9	4	8	12	6	20
출구	36					

3 빈칸에 편자 스티커를 붙이고 나눗셈식의 빈칸에 알맞은 수를 쓰세요.

1

$8 ÷ 4 = $ ☐

2

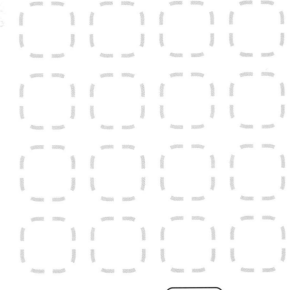

$16 ÷ 4 = $ ☐

4

2의 배수를 두 배 하면
4의 배수가 돼.
예를 들어 2 × 3 = 6, 4 × 3 = 12,
12는 6의 두 배.

4 다음 나눗셈을 하세요.

1 40 ÷ 4 = ⬚

2 24 ÷ 4 = ⬚

3 32 ÷ 4 = ⬚

4 4 ÷ 4 = ⬚

5 48 ÷ 4 = ⬚

6 36 ÷ 4 = ⬚

7 44 ÷ 4 = ⬚

8 28 ÷ 4 = ⬚

2 들어가면 '나누기 4'가 되는 기계에서 출구로 나오는 수를 빈칸에 쓰세요.

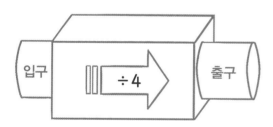

입구 → ÷ 4 → 출구

입구	8	16	32	48	40	4
출구						

입구	12		24		44	
출구		5		7		9

체크! 체크!

나눗셈의 몫에 4를 곱해서 다시 나누어지는 수가
나오면 답이 맞은 거예요. ⬚

칭찬 스티커를
붙이세요.

문제를 다 푼 다음, 32쪽으로!

8단 곱셈

문어 한 마리는 다리가 8개야.

1 문어의 다리 수를 구하기 위한 곱셈식이에요.
빈칸에 알맞은 수를 쓰세요.

기억하자!
4의 배수를 2배 하면 8의 배수가 돼요.
$4 \times 7 = 28$, $8 \times 7 = 56$, 56은 28의 2배.

1 $8 \times \boxed{3} = \boxed{24}$

2 $8 \times \boxed{} = \boxed{}$

3 $8 \times \boxed{} = \boxed{}$

4 $8 \times \boxed{} = \boxed{}$

5 $8 \times \boxed{} = \boxed{}$

6 $8 \times \boxed{} = \boxed{}$

8의 배수를 구하려면
4의 배수를 2배 하면 돼.
예를 들어
$8 \times 3 = 4 \times 3 \times 2 = 24$.

2 곱셈을 하여 문어와 알맞은 먹물을 선으로 이어 보세요.

8×7 8×2 8×3 8×5 8×12 8×9 8×11 8×4

40 88 56 16 24 96 32 72

체크! 체크!

답을 확인하기 위해 2배, 2배, 2배를 해 보세요. 예를 들어 8 × 3은 3을 2배 하면 6, 6을 2배 하면 12, 12를 2배 하면 24이므로 답은 24예요.

---

3 빈칸에 알맞은 수를 쓰세요.

1 $8 \times 5 =$ ☐ 4 ☐ × ☐ 2 ☐ × 5 = ☐ 4 ☐ × ☐ 10 ☐ = ☐ 40 ☐

2 $8 \times 3 =$ ☐ × ☐ × 3 = ☐ × ☐ = ☐

3 $8 \times 7 =$ ☐ × ☐ × 7 = ☐ × ☐ = ☐

4 $8 \times 9 =$ ☐ × ☐ × 9 = ☐ × ☐ = ☐

4 빈칸에 알맞은 수를 쓰세요.

1
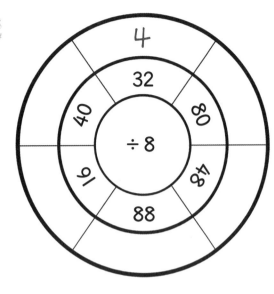

2
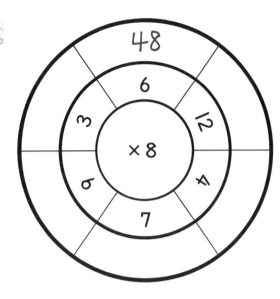

3
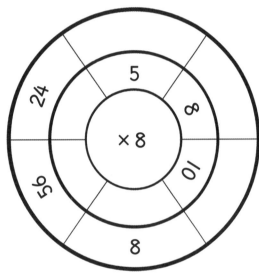

4
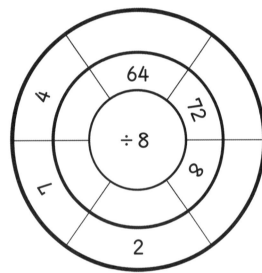

5 바나나를 여덟 개씩 한 묶음으로 팔아요.

1 마이클은 바나나 여섯 묶음을 샀어요. 마이클이 산 바나나는 모두 몇 개인가요?

_____ 개

2 사라는 바나나 아홉 묶음을 샀어요. 사라가 산 바나나는 모두 몇 개인가요?

_____ 개

체크! 체크!

나눗셈의 몫에 8을 곱해서 다시 나누어지는 수가
나오면 답이 맞은 거예요.

문제를 다 푼 다음, 32쪽으로!

알고 있는 사실 이용하기

3 × 7 = 2l을 알고 있으면
3 × 70 = 2l0, 30 × 7 = 2l0이라는
것도 알 수 있어.
또 2l0 ÷ 3 = 70, 2l0 ÷ 7 = 30이라는
사실도 알 수 있지.

1 가운데 식으로 알 수 있는 곱셈식과 나눗셈식을 찾아 빈칸을 알맞게 채워 보세요.

기억하자!

곱셈식 등호의 양쪽에 같은 수를 곱하면 또 하나의 곱셈식을 만들 수 있어요. 5 × 8 = 40이라는 식의 양쪽에 10을 곱하면 5 × 8 × 10 = 40 × 10이라는 식을 만들 수 있어요.

$$60 \times 8 =$$

$$
\begin{array}{c}
6 \times 8 = 48 \\
48 \div 8 = 6
\end{array}
$$

$$480 \div 6 =$$

---

2 곱셈을 계산하기 쉽도록 수의 순서를 바꿔 보세요.

1 4 × 12 × 5

= 4 × 5 × ☐

= 20 × ☐

= ☐

2 5 × 14 × 2

= ☐ × ☐ × ☐

= ☐ × ☐

= ☐

체크! 체크!

곱하면 10의 배수가 되는 두 수를 먼저 곱했나요? ☐

문제를 다 푼 다음, 32쪽으로!

여러 가지 방법 – 곱셈

기억하자!
수는 자리에 따라 자릿값을 가지고 있어
다음과 같이 나타낼 수 있어요. 37 = 30 + 7

> 두 자리 수와 한 자리 수를 곱할 때
> 두 자리 수를 십의 자리와
> 일의 자리로 구분한 다음
> 각각 곱한 결과를 더해도 돼.

1 두 자리 수를 십의 자리와 일의 자리로
구분한 다음 곱셈을 해 보세요.

1 26 × 3 = $\boxed{78}$

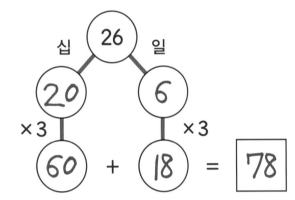

2 43 × 4 = $\boxed{}$

3 39 × 5 = $\boxed{}$

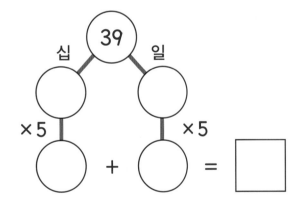

4 58 × 8 = $\boxed{}$

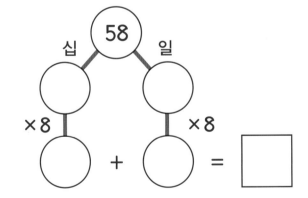

2 위와 같은 방법을 사용하여 다음을 암산해 보세요.

1 22 × 6 = $\boxed{}$

2 38 × 4 = $\boxed{}$

3 표를 이용하여 계산해 보세요.

수가 너무 커서 암산을 할 수 없을 때, 이런 방법을 사용하면 좋아.

기억하자!

두 자리 수를 십의 자리와 일의 자리로 구분하여 표에 쓴 다음 각각 한 자리 수와 곱해요.

1 47 × 8

×	40	7
8	320	56

= 376

2 33 × 6

×	30	3
6		

=

3 54 × 7

×	50	4
7		

=

4 62 × 9

×	60	2
9		

=

5 75 × 8

×		

=

6 86 × 4

×		

=

4 표를 이용하여 다음 문제를 풀어 보세요.

1 해리는 스티커 여섯 팩을 가지고 있어요.
한 팩에는 28개의 스티커가 있어요.
해리는 총 몇 개의 스티커를 가지고 있나요?

×		

= ___ 개

2 그레이스는 스티커 여덟 팩을 가지고
있어요. 한 팩에는 44개의 스티커가 있어요.
그레이스는 총 몇 개의 스티커를 가지고
있나요?

×		

= ___ 개

칭찬 스티커를 붙이세요.

체크! 체크!

반올림을 이용하여 답을 어림해 보세요. 예를 들어
62 × 9의 답은 60 × 10 = 600에 가까울 거예요.

문제를 다 푼 다음, 32쪽으로!

지식 확장하기-곱셈

1 곱셈을 다음과 같은 방법으로 해 보세요.

> 두 자리 수 이상의 곱셈을 할 때에는 세로셈으로 계산하는 것이 좋아.

기억하자!

계산하기 전에 어림해 보세요. 두 자리 수를 반올림하여 몇십으로 나타낸 다음 곱해 보세요.

1 58 × 6

어림하기: $60 \times 6 = 360$

백	십	일	
	5	8	
×		6	
	4	8	(8 × 6)
3	0	0	(50 × 6)
3	4	8	

2 39 × 4

어림하기: _____

백	십	일	
×			
			( )
			( )

3 47 × 8

어림하기: _____

백	십	일	
×			
			( )
			( )

4 84 × 9

어림하기: _____

백	십	일	
×			
			( )
			( )

2 곱셈을 다음과 같은 방법으로 해 보세요.

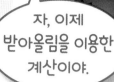

기억하자!
앞에서 학습한 방법을 잘 이해했으면
이번엔 받아올린 수를 표시하며
세로셈으로 계산해 봐요.

자, 이제
받아올림을 이용한
계산이야.

1 24 × 6

어림하기: _20 × 6 = 120_

백	십	일
	2	
	2	4
×		6
1	4	4

2 26 × 9

어림하기: _____

백	십	일
×		

3 88 × 6

어림하기: _____

백	십	일
×		

4 53 × 7

어림하기: _____

백	십	일
×		

3 다음 문제를 풀어 보세요.

페니는 벽돌 아홉 상자를 가지고 있어요.
한 상자에는 58개의 벽돌이 들어 있어요.
페니가 가지고 있는 벽돌은 모두 몇 개인가요?

백	십	일
×		

체크! 체크!
올림에 주의하여 계산했나요? ☐

칭찬 스티커를
붙이세요.

문제를 다 푼 다음, 32쪽으로!

여러 가지 방법-나눗셈(1)

1 두 자리 수를 십의 자리와 일의 자리로 구분한 다음 나눗셈을 해 보세요.

> 이 방법은 나머지가 없는 나눗셈을 할 때 사용할 수 있어.

기억하자!

두 자리 수를 십의 자리와 일의 자리로 구분하세요.
각각을 나눈 다음 그 결과를 더하면 답을 얻을 수 있어요.

1   39 ÷ 3 = [13]

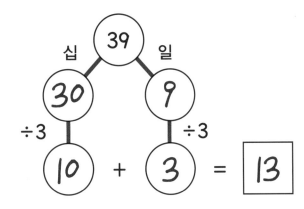

2   48 ÷ 4 = [   ]

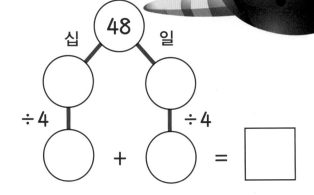

3   66 ÷ 6 = [   ]

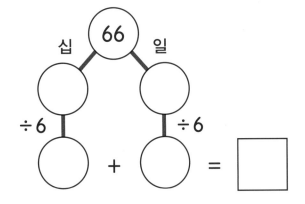

4   88 ÷ 4 = [   ]

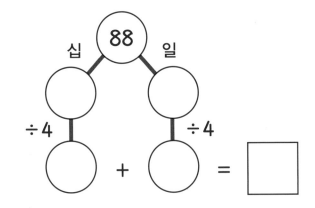

2 위의 방법을 이용하여 다음 나눗셈을 암산해 보세요.

1   66 ÷ 3 = [   ]   **2**   99 ÷ 3 = [   ]   **3**   75 ÷ 3 = [   ]

체크! 체크!

곱셈식을 이용하여 나눗셈식의 답을 확인해 보세요. 예를 들어 42 ÷ 3 = 14는
14 × 3 = 42를 이용하여 답을 확인할 수 있어요. [   ]

여러 가지 방법-나눗셈(2)

1 다음과 같은 방법으로 나눗셈을 해 보세요.

나누어지는 수가 클 경우 여러 단계로 나누어 계산하는 것이 좋아.

기억하자!

다음 방법은 10의 배수와 같은 덩어리 수를 빼면서 계산하는 방법이에요.

1 $85 \div 5 = \boxed{17}$

```
        1   7
   5 ) 8   5
     - 5   0     5 × 10
       3   5     5 × 7
               ────
               17
```

2 $64 \div 4 = \boxed{}$

```
   4 ) 6   4
     -           4 ×
                 4 ×
               ────
```

3 $84 \div 6 = \boxed{}$

```
   6 ) 8   4
     -          6 ×
                6 ×
              ────
```

4 $96 \div 8 = \boxed{}$

```
   8 ) 9   6
     -          8 ×
                8 ×
              ────
```

체크! 체크!

곱셈식을 이용하여 나눗셈식의 답을 확인해 보세요.
예를 들어 $90 \div 6 = 15$는 $15 \times 6 = 90$을 이용하여
답을 확인할 수 있어요. $\square$

칭찬 스티커를 붙이세요.

문제를 다 푼 다음, 32쪽으로!

확장하기 - 곱셈, 나눗셈

기억하자!
곱하면 수가 커지고
나누면 수가 작아져요.

1 이 킥보드는 바퀴가 3개예요. 빈칸에 알맞은
수를 쓰세요.

1 킥보드 6대의 바퀴 수 ⟶ ☐ 개

2 킥보드 9대의 바퀴 수 ⟶ ☐ 개

2 문어 발 행성의 외계인은 다리가 8개예요. 빈칸에 알맞은
수를 쓰세요.

1 다리가 모두 24개 ⟶ 외계인 ☐ 명

2 다리가 모두 48개 ⟶ 외계인 ☐ 명

> 모든 조합의 경우를
> 빠짐없이 생각하는 것이
> 중요해.

3 다음 빈칸을 알맞게 채우세요.

엘라는 길고 짧은 두 개의 스카프를 가지고 있고 빨간색과
파란색의 두 가지 모자를 가지고 있어요. 몇 가지 다른 방법으로
스카프와 모자를 착용할 수 있나요?

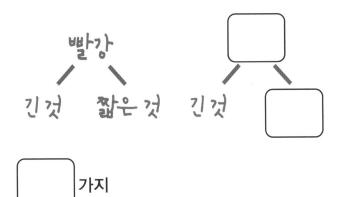

☐ 가지

체크! 체크!
가능한 모든 조합을
빠짐없이 생각했나요? ☐

빠진 수 찾기

곱셈을 기억하면 문제를 푸는 데 도움이 될 거야.

1 빈칸에 알맞은 수를 쓰세요.

1 $3 \times \boxed{} = 24$ **2** $48 \div 4 = \boxed{}$ **3** $\boxed{} \div 5 = 15$

4 $\boxed{} \times 8 = 96$ **5** $60 \div \boxed{} = 12$ **6** $11 \times \boxed{} = 99$

체크! 체크!

곱셈식과 나눗셈식을 이용하여 답을 확인하세요.
예를 들어 $3 \times 9 = 27$일 때 $27 \div 9 = 3$이면 답이 맞은 거예요. $\boxed{}$

2 다음 문제를 풀기 위한 식으로 가장 적당한 것을 찾아 ○표 하고 빈칸에 들어갈 수를 써 보세요.

1 맥스는 씨앗을 여섯 줄 심었어요. 각 줄에는 27개의 씨앗이 있어요.
맥스가 심은 씨앗은 모두 몇 개인가요?

$\boxed{} = 27 \times 6$ $27 \times \boxed{} = 162$

$6 \times 27 = \boxed{}$ $\boxed{} = 6 \times 27$

2 어떤 건물의 방 하나에는 네 개의 창문이 있어요.
이 건물의 창문이 모두 96개라면 방은 모두 몇 개인가요?

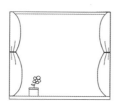

$4 \times \boxed{} = 96$ $\boxed{} = 96 \div 4$

$96 \div \boxed{} = 24$ $\boxed{} \div 24 = 4$

칭찬 스티커를 붙이세요.

문제를 다 푼 다음, 32쪽으로!

$\dfrac{1}{10}$

전체를 똑같이 10으로 나누어 $\dfrac{1}{10}$을 찾아봐.

1 $\dfrac{1}{10}$ 만큼 색칠하거나 ○표 하세요.

기억하자!

전체를 똑같이 10으로 나누면 그 하나가 $\dfrac{1}{10}$ 이에요.

1 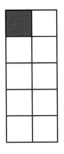 2 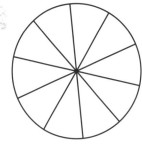 3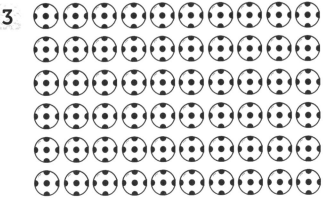

2 빈칸을 알맞게 채우세요.

1

십분의 오	십분의 육			십분의 구	

2

$\dfrac{6}{10}$ $\dfrac{7}{10}$ ☐ $\dfrac{9}{10}$ | $1\dfrac{1}{10}$ ☐ $1\dfrac{3}{10}$ ☐ $1\dfrac{5}{10}$ $1\dfrac{6}{10}$ ☐ $1\dfrac{8}{10}$ ☐ 2

3 빈칸에 알맞은 수를 쓰세요.

1 $2 \div 10 = \dfrac{2}{10}$

2 $3 \div 10 = \dfrac{\boxed{}}{10}$

3 $7 \div 10 = \dfrac{\boxed{}}{10}$

체크! 체크!

수직선의 분수를 차례로 읽으며 빠진 수를 찾아보세요.

십분의 일, 십분의 이, 십분의 삼 … 십분의 구, 일(십분의 십). ☐

분수 (1)

전체에 대한 부분을 설명하기 위해 분수를 사용해.

기억하자!

분수는 분모(아래에 있는 수)와 분자(위에 있는 수)로 이루어져 있어요. 분모는 전체를 똑같이 얼마로 나누었는지 알려 주고 그중의 얼마인지는 분자가 알려 줘요.

1 색칠한 부분을 분수로 나타내세요.

1 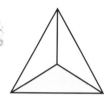 $\dfrac{1}{3}$

2

3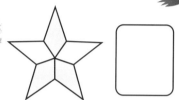

2 색칠한 부분을 분수로 나타내세요.

1  $\dfrac{1}{8}$

2

3

3 분수와 원을 알맞게 선으로 이어 보고 분수만큼 색칠해 보세요.

$\dfrac{2}{5}$ $\dfrac{7}{8}$ $\dfrac{3}{4}$ $\dfrac{5}{9}$ $\dfrac{1}{6}$

칭찬 스티커를 붙이세요.

체크! 체크!

분모와 분자를 모두 그림에 잘 나타냈나요? ☐

19

문제를 다 푼 다음, 32쪽으로!

분수 (2)

기억하자!

분수도 자연수와 마찬가지로 계산할 수 있어요.
계산하면 분수가 나타내는 값이 바뀌어요.

1 알맞게 색칠하고 빈칸에 수를 쓰세요.

1

모자 전체의 $\frac{1}{3}$에 보라색을 칠하세요.

모자 6개의 $\frac{1}{3}$은 [2] 개예요.

2

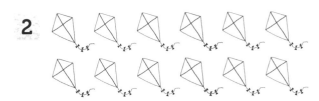

연 전체의 $\frac{1}{4}$에 파란색을 칠하세요.

연 12개의 $\frac{1}{4}$은 [   ] 개예요.

3

자동차 전체의 $\frac{1}{2}$에 빨간색을 칠하세요.

자동차 8대의 $\frac{1}{2}$은 [   ] 대예요.

4

별 전체의 $\frac{1}{5}$에 노란색을 칠하세요.

별 15개의 $\frac{1}{5}$은 [   ] 개예요.

5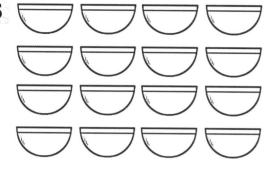

그릇 전체의 $\frac{1}{8}$에 초록색을 칠하세요.

그릇 16개의 $\frac{1}{8}$은 ☐ 개예요.

6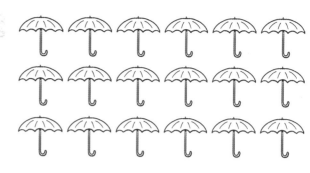

우산 전체의 $\frac{1}{6}$에 갈색을 칠하세요.

우산 18개의 $\frac{1}{6}$은 ☐ 개예요.

2 분수의 계산을 하여 빈칸에 알맞은 수를 쓰세요.
먼저 단위분수의 값을 찾으세요.

> 단위분수는 분자가 1인 분수야.

1 사과 6개의 $\frac{2}{3}$

사과 6개의 $\frac{1}{3}$은 ☐ 2

사과 6개의 $\frac{2}{3}$는 ☐ 4

2 바나나 8개의 $\frac{3}{4}$

바나나 8개의 $\frac{1}{4}$은 ☐

바나나 8개의 $\frac{3}{4}$은 ☐

3 오렌지 10개의 $\frac{2}{5}$

오렌지 10개의 $\frac{1}{5}$은 ☐

오렌지 10개의 $\frac{2}{5}$는 ☐

4 배 16개의 $\frac{5}{8}$

배 16개의 $\frac{1}{8}$은 ☐

배 16개의 $\frac{5}{8}$는 ☐

체크! 체크!

분모에 답을 곱한 다음 분자로 나누어
전체의 수가 나오는지 확인하세요. ☐

칭찬 스티커를
붙이세요.

문제를 다 푼 다음, 32쪽으로!

크기가 같은 분수

모든 분수는 크기가 같은 쌍둥이가 있어.

기억하자!

$\frac{1}{2}, \frac{2}{4}, \frac{3}{6}$은 크기가 같은 분수예요.

$$\frac{1}{2} = \frac{2}{4} = \frac{3}{6}$$

1 색칠한 부분을 분수로 나타내 보세요. 그런 다음 크기가 같은 분수를 모두 찾아 ○표 하세요.

1

2

3

2 오른쪽 그림을 보고 크기가 같은 분수를 찾아 빈칸을 채우세요.

1 $\frac{1}{2} = \frac{2}{4}$

2 $\frac{1}{2} = \frac{\boxed{}}{6}$

3 $\frac{1}{2} = \frac{\boxed{}}{8}$

4 $\frac{1}{3} = \frac{\boxed{}}{6}$

5 $\frac{1}{4} = \frac{\boxed{}}{8}$

6 $\frac{1}{2} = \frac{\boxed{}}{10}$

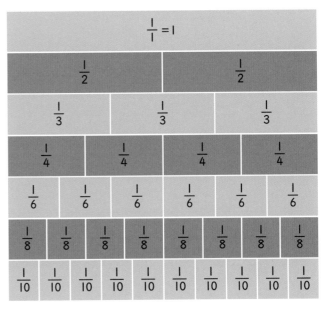

체크! 체크!

칸의 크기를 이용해서 분수의 크기가 같은지 확인하세요.
두 분수가 같은 크기의 칸을 차지하는지 확인하세요.

분수의 덧셈

기억하자!

분모가 같은 분수의 덧셈은 매우 쉬워요. 분모는 그대로 두고 분자만 더하면 돼요.

1 두 분수를 더하여 빈칸에 알맞은 수를 쓰고 분수의 합만큼 색칠해 보세요.

1

$$\frac{1}{4} + \frac{1}{4} = \frac{2}{4}$$

2

$$\frac{1}{3} + \frac{1}{3} = \frac{\boxed{}}{\boxed{}}$$

3

$$\frac{3}{9} + \frac{4}{9} = \frac{\boxed{}}{\boxed{}}$$

4

$$\frac{2}{5} + \frac{2}{5} = \frac{\boxed{}}{\boxed{}}$$

2 분수의 덧셈을 하세요.

1 $\frac{1}{5} + \frac{2}{5} = \boxed{}$ 2 $\frac{2}{6} + \frac{3}{6} = \boxed{}$ 3 $\frac{4}{8} + \frac{3}{8} = \boxed{}$

4 $\frac{2}{7} + \frac{2}{7} = \boxed{}$ 5 $\frac{5}{10} + \frac{4}{10} = \boxed{}$ 6 $\frac{4}{8} + \frac{4}{8} = \boxed{}$

7 $\frac{5}{9} + \frac{2}{9} = \boxed{}$ 8 $\frac{4}{6} + \frac{2}{6} = \boxed{}$ 9 $\frac{4}{5} + \frac{1}{5} = \boxed{}$

칭찬 스티커를
붙이세요.

체크! 체크!

분모는 그대로 두고 분자만 계산했나요? ☐

문제를 다 푼 다음, 32쪽으로!

분수의 뺄셈

기억하자!

분모가 같은 분수의 뺄셈도 매우 쉬워요.
분모는 그대로 두고 큰 분자에서 작은 분자를 빼면 돼요.

1 분수의 뺄셈을 해 보세요. 빼는 만큼 그림에 **X**표 하세요.

1

$$\frac{3}{6} - \frac{1}{6} = \boxed{\frac{2}{6}}$$

2

$$\frac{5}{8} - \frac{2}{8} = \boxed{}$$

3

$$\frac{7}{10} - \frac{5}{10} = \boxed{}$$

4

$$\frac{8}{9} - \frac{4}{9} = \boxed{}$$

2 분수의 뺄셈을 하세요.

1 $\dfrac{3}{4} - \dfrac{2}{4} = \boxed{}$ **2** $\dfrac{3}{8} - \dfrac{2}{8} = \boxed{}$ **3** $\dfrac{4}{6} - \dfrac{1}{6} = \boxed{}$

4 $\dfrac{7}{10} - \dfrac{4}{10} = \boxed{}$ **5** $\dfrac{3}{5} - \dfrac{2}{5} = \boxed{}$ **6** $\dfrac{7}{9} - \dfrac{5}{9} = \boxed{}$

7 $\dfrac{5}{8} - \dfrac{5}{8} = \boxed{}$ **8** $\dfrac{4}{7} - \dfrac{1}{7} = \boxed{}$ **9** $\dfrac{9}{10} - \dfrac{8}{10} = \boxed{}$

체크! 체크!

분모는 그대로 두고 분자만 계산했나요?

분수의 비교

기억하자!

기호 >는 '~보다 크다'를, 기호 <는 '~보다 작다'를 나타내요. 뾰족한 쪽이 더 작은 수를 가리켜요.

분수의 크기를 비교할 때 분모가 같으면 분자만 비교하면 돼.
$$\frac{5}{7} > \frac{4}{7}$$

1 빈칸에 < 또는 >를 알맞게 쓰세요.

1

2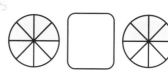

3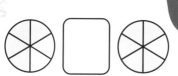

4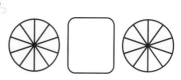

5

6

2 빈칸에 < 또는 >를 알맞게 쓰세요.

1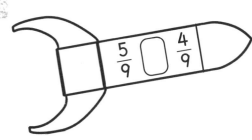

2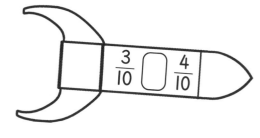

3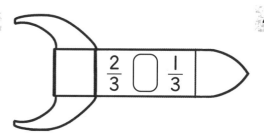

4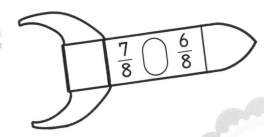

칭찬 스티커를 붙이세요.

체크! 체크!

>, < 기호를 바르게 썼는지 확인하세요.

문제를 다 푼 다음, 32쪽으로!

분수의 순서

기억하자!

분수도 자연수와 마찬가지로 순서대로 쓸 수 있어요. $\frac{3}{8}$, $\frac{5}{8}$, $\frac{7}{8}$, $\frac{8}{8}$과 같이 작은 분수부터 큰 분수의 순서로 나열할 수 있어요.

1 다음 분수를 오름차순으로 나열하세요.

1 $\frac{4}{4}$ $\frac{1}{4}$ $\frac{2}{4}$ $\frac{3}{4}$ $\frac{1}{4}$ ☐ ☐ ☐

2 $\frac{4}{5}$ $\frac{2}{5}$ $\frac{1}{5}$ $\frac{3}{5}$ ☐ ☐ ☐ ☐

3 $\frac{7}{8}$ $\frac{4}{8}$ $\frac{6}{8}$ $\frac{3}{8}$ ☐ ☐ ☐ ☐

2 다음 분수를 내림차순으로 나열하세요.

1 $\frac{4}{6}$ $\frac{3}{6}$ $\frac{6}{6}$ $\frac{1}{6}$ ☐ ☐ ☐ ☐

2 $\frac{7}{10}$ $\frac{3}{10}$ $\frac{6}{10}$ $\frac{9}{10}$ ☐ ☐ ☐ ☐

3 $\frac{4}{7}$ $\frac{6}{7}$ $\frac{3}{7}$ $\frac{7}{7}$ ☐ ☐ ☐ ☐

체크! 체크!

분수를 올바르게 나열했나요? 오름차순은 가장 작은 수부터 큰 수의 순서로, 내림차순은 가장 큰 수부터 작은 수의 순서로 나열하는 것을 말해요. ☐

$\dfrac{4}{9}$ 와 $\dfrac{8}{9}$ 사이에 있는 분수는?

$\dfrac{5}{9}, \dfrac{6}{9}, \dfrac{7}{9}$ 이지.

3 부등호를 보고 분수를 바르게 나열해 보세요.

1 $\dfrac{5}{8}$ $\dfrac{3}{8}$ $\dfrac{7}{8}$

☐ < ☐ < ☐

2 $\dfrac{4}{5}$ $\dfrac{5}{5}$ $\dfrac{2}{5}$

☐ > ☐ > ☐

3 $\dfrac{6}{10}$ $\dfrac{3}{10}$ $\dfrac{7}{10}$

☐ > ☐ > ☐

4 $\dfrac{3}{6}$ $\dfrac{2}{6}$ $\dfrac{5}{6}$

☐ > ☐ > ☐

5 $\dfrac{7}{9}$ $\dfrac{1}{9}$ $\dfrac{4}{9}$

☐ < ☐ < ☐

6 $\dfrac{7}{7}$ $\dfrac{4}{7}$ $\dfrac{5}{7}$

☐ > ☐ > ☐

4 빈칸에 들어갈 수 있는 분수는 무엇일까요? 알맞은 분수를 쓰세요.

1 $\dfrac{4}{5}$ > ☐ > $\dfrac{2}{5}$

2 $\dfrac{5}{8}$ < ☐ < $\dfrac{7}{8}$

3 $\dfrac{4}{6}$ < ☐ < $\dfrac{6}{6}$

4 $\dfrac{3}{10}$ < ☐ < $\dfrac{5}{10}$

5 $\dfrac{3}{7}$ > ☐ > $\dfrac{1}{7}$

6 $\dfrac{5}{9}$ < ☐ < $\dfrac{7}{9}$

칭찬 스티커를 붙이세요.

문제를 다 푼 다음, 32쪽으로!

문제 해결(1)

기억하자!

문장형 문제를 풀 때는 먼저 질문의 중요한
정보에 밑줄을 그어 보세요.

다음 분수 문제를 풀어 보세요. 모눈을 사용해도 좋아요.

1 리엄은 케이크의 $\frac{1}{5}$을 먹고 리아는 같은 케이크의 $\frac{2}{5}$를 먹었어요.
두 사람이 먹은 케이크는 모두 얼마인가요?

답: ☐

2 사차는 구슬 여덟 개를 가지고 있어요. 이 중 세 개는 빨간색이고 나머지는 파란색이에요.
빨간색과 파란색 구슬의 수를 분수로 나타내세요.

빨간색 구슬: ☐ 개, 파란색 구슬: ☐ 개

3 놀이터에 20명의 어린이가 놀고 있어요. 이 중 $\frac{1}{10}$은
남자 어린이예요. 남자 어린이는 모두 몇 명인가요?

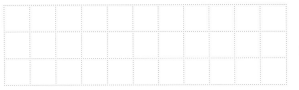

답: ☐ 명

> 놀라지 마!
> 분수도 자연수랑
> 비슷해.

4 나뭇가지에 새 40마리가 있어요.
이 중 $\frac{1}{10}$이 날아갔어요. 날아간 새는 몇 마리인가요?

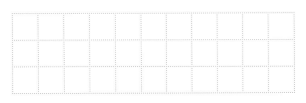

답: ☐ 마리

5 자루에 공 50개가 있어요. 이 중 $\frac{1}{10}$ 은 초록색이에요.

자루에 있는 초록색 공은 모두 몇 개인가요?

답: ☐ 개

6 그릇에 과일이 60개 있어요. 이 중 $\frac{1}{5}$ 은 오렌지예요. 그릇에 있는 오렌지는 모두 몇 개인가요?

답: ☐ 개

7 놀이터에 있는 여자 어린이 중 $\frac{1}{8}$ 은 파란색 잠바를 입었어요.

여자 어린이가 모두 64명이라면 파란색 잠바를 입은 여자 어린이는 모두 몇 명인가요?

답: ☐ 명

8 설탕 $\frac{4}{5}$ 컵을 요리하는 데 사용했어요. 설탕 한 컵이 20g이라면

요리에 사용한 설탕은 모두 얼마인가요?

답: ☐ g

9 주차장에 있는 차의 $\frac{7}{10}$ 은 검은색이에요. 주차장에 모두 80대의 차가 있다면

검은색 차는 모두 몇 대인가요?

답: ☐ 대

체크! 체크!

분모에 답을 곱한 다음 분자로 나누어
답이 맞는지 확인하세요. ☐

문제를 다 푼 다음, 32쪽으로!

문제 해결(2)

'실생활' 문제를 풀어 보자!

기억하자!

문장형 문제를 풀 때는 질문의 중요한 정보에 밑줄을 그어 보세요.

다음 곱셈 문제를 풀어 보세요. 모눈을 이용해 계산해 보세요.

1 클라라는 매일 여덟 장씩 책을 읽어요. 6일 동안 몇 장을 읽을까요?

답: ☐ 장

2 에디는 스티커 네 봉지를 샀어요. 각 봉지에는 아홉 개의 스티커가 들어 있어요. 에디가 산 스티커는 모두 몇 개인가요?

답: ☐ 개

3 농부가 씨앗을 37개씩 네 줄 심었어요. 농부가 심은 씨앗은 모두 몇 개인가요?

답: ☐ 개

4 블록 한 개는 64g이에요. 블록 여섯 개는 모두 몇 g인가요?

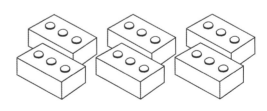

답: ☐ g

다음 나눗셈 문제를 풀어 보세요. 모눈을 이용해 계산해 보세요.

5 루시는 케이크를 24조각으로 잘라 세 친구와 똑같이 나누어 먹으려고 해요.
한 사람이 몇 조각씩 먹게 될까요?

답: ☐ 조각

6 쟁반 하나에 케이크 아홉 개를 놓을 수 있어요. 샤 아주머니는 케이크 72개를 가지고
있어요. 쟁반은 몇 개 필요한가요?

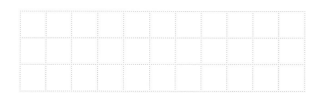

답: ☐ 개

7 롤러코스터의 한 칸에는 네 명이 탈 수 있어요. 56명이 모두 타려면 몇 칸이 필요한가요?

답: ☐ 칸

8 화분 하나에 꽃 세 송이씩 심으려고 해요. 꽃은 모두 51송이
있어요. 화분은 몇 개 필요한가요?

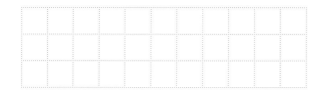 

답: ☐ 개

체크! 체크!
곱셈식을 사용하여 나눗셈식의 답을 확인하세요.
예를 들어 $76 \div 4 = 19$인 경우 $19 \times 4 = 76$이므로 답이 맞은 거예요. ☐

칭찬 스티커를 붙이세요.

문제를 다 푼 다음, 32쪽으로!

나의 실력 점검표

얼굴에 색칠하세요.

쪽	나의 실력은?	스스로 점검해요!		
2~3	3단 곱셈을 기억할 수 있어요.	😊	😐	🙁
4~5	4단 곱셈을 기억할 수 있어요.	😊	😐	🙁
6~8	8단 곱셈을 기억할 수 있어요.	😊	😐	🙁
9	알고 있는 곱셈과 나눗셈을 이용해 관련된 다른 계산을 할 수 있어요.	😊	😐	🙁
10~11	곱셈을 쉽게 하기 위해 수를 구분하여 계산할 수 있어요.	😊	😐	🙁
12~13	세로셈으로 곱셈을 할 수 있어요.	😊	😐	🙁
14~15	나눗셈을 쉽게 하기 위해 수를 구분하여 계산할 수 있고 덩어리 수를 빼는 방법으로도 계산할 수 있어요.	😊	😐	🙁
16~17	확장된 문제, 빠진 수 찾기, 문장형 문제를 풀 수 있어요.	😊	😐	🙁
18~19	$\frac{1}{10}$을 알고, 전체에 대한 부분을 설명하기 위해 분수를 사용할 수 있어요.	😊	😐	🙁
20~21	전체의 일부를 분수로 표현할 수 있어요.	😊	😐	🙁
22~23	크기가 같은 분수를 찾을 수 있고 분수의 덧셈을 할 수 있어요.	😊	😐	🙁
24~25	분수의 뺄셈을 할 수 있고 분수를 비교할 수 있어요.	😊	😐	🙁
26~27	분수를 순서 지을 수 있어요.	😊	😐	🙁
28~29	곱셈, 나눗셈, 분수 문제를 풀 수 있어요.	😊	😐	🙁
30~31	더 어려운 곱셈, 나눗셈 문제를 풀 수 있어요.	😊	😐	🙁

너는 어때?

정답

2~3쪽

1-1. 9   **1-2.** 15

2-1. 21   **2-2.** 0   **2-3.** 27

2-4. 6   **2-5.** 33   **2-6.** 36

3. $36 = 3 \times 12$, $21 = 3 \times 7$, $24 = 3 \times 8$, $27 = 3 \times 9$

4-1. 2   **4-2.** 7

5-1. 4   **5-2.** 9   **5-3.** 11

5-4. 3   **5-5.** 12   **5-6.** 6

6. $9 = 27 \div 3$, $12 = 36 \div 3$, $8 = 24 \div 3$, $11 = 33 \div 3$, $7 = 21 \div 3$

4~5쪽

1. 20, 20   **2.** 16, 32, 48, 24, 80

3-1. 2   **3-2.** 4

4-1. 10   **4-2.** 6   **4-3.** 8

4-4. 1   **4-5.** 12   **4-6.** 9

4-7. 11   **4-8.** 7

5.

입구	8	16	32	48	40	4
출구	2	4	8	12	10	1

입구	12	20	24	28	44	36
출구	3	5	6	7	11	9

6~8쪽

1-2. 5, 40   **1-3.** 2, 16   **1-4.** 4, 32

1-5. 9, 72   **1-6.** 7, 56

2.

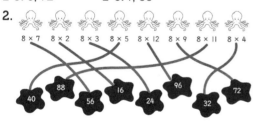

8×7 8×2 8×3 8×5 8×12 8×9 8×11 8×4

40, 88, 16, 56, 24, 96, 32, 72

3-2. 4, 2, 4, 6, 24

3-3. 4, 2, 4, 14, 56

3-4. 4, 2, 4, 18, 72

4-1.   **4-2.**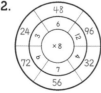

4-3.   **4-4.**

5-1. 48   **5-2.** 72

9쪽

1. 예)

$60 \times 8 = 480$

$6 \times 80 = 480$ $6 \times 8 = 48$, $48 \div 8 = 6$ $480 \div 8 = 60$

$480 \div 6 = 80$

2-1. 12, 12, 240

2-2. 5, 2, 14, 10, 14, 140

10~11쪽

1-2. 172, 40, 3, 160, 12, 172

1-3. 195, 30, 9, 150, 45, 195

1-4. 464, 50, 8, 400, 64, 464

2-1. 132

2-2. 152

3-2. 180, 18, 198

3-3. 350, 28, 378

3-4. 540, 18, 558

3-5. 70, 5, 8, 560, 40, 600

3-6. 80, 6, 4, 320, 24, 344

4-1. 20, 8, 6, 120, 48, 168

4-2. 40, 4, 8, 320, 32, 352

12~13쪽

1-2. 어림 $40 \times 4 = 160$

백	십	일	
	3	9	
×		4	
	3	6	(9×4)
1	2	0	(30×4)
1	5	6	

1-3. 어림 $50 \times 8 = 400$

백	십	일	
	4	7	
×		8	
	5	6	(7×8)
3	2	0	(40×8)
3	7	6	

1-4. 어림 $80 \times 9 = 720$

백	십	일	
	8	4	
×		9	
	3	6	(4×9)
7	2	0	(80×9)
7	5	6	

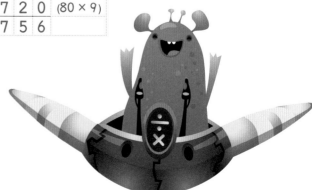

2-2. 어림 30 × 9 = 270

백	십	일
	5	
	2	6
×		9
2	3	4

2-3. 어림 90 × 6 = 540

백	십	일
	4	
	8	8
×		6
5	2	8

2-4. 어림 50 × 7 = 350

백	십	일
	2	
	5	3
×		7
3	7	1

3. 58 × 9 = 522(개)

14쪽

1-2. 12, 40, 8, 10, 2, 12
1-3. 11, 60, 6, 10, 1, 11
1-4. 22, 80, 8, 20, 2, 22
2-1. 22   **2-2.** 33   **2-3.** 25

15쪽

1-2. 64 ÷ 4 = [16]

	1	6
4)	6	4
− 4	0	4 × 10
2	4	4 × 6
		16

1-3. 84 ÷ 6 = [14]

	1	4
6)	8	4
− 6	0	6 × 10
2	4	6 × 4
		14

1-4. 96 ÷ 8 = [12]

	1	2
8)	9	6
− 8	0	8 × 10
1	6	8 × 2
		12

16쪽

1-1. 18   **1-2.** 27
2-1. 3   **2-2.** 6
3. 파랑, 짧은 것, 4

17쪽

1-1. 8   **1-2.** 12
1-3. 75   **1-4.** 12
1-5. 5   **1-6.** 9
2-1. 6 × 27 = [162]   **2-2.** 4 × [24] = 96

18쪽

1-2.

1-3.

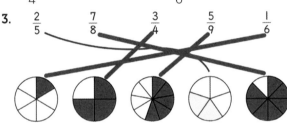

2-1. 십분의 칠, 십분의 팔, 일(십분의 십)
2-2. $\frac{8}{10}$, $1\frac{2}{10}$, $1\frac{4}{10}$, $1\frac{7}{10}$, $1\frac{9}{10}$
3-2. 3   **3-3.** 7

19쪽

1-2. $\frac{5}{6}$ **1-3.** $\frac{3}{5}$
2-2. $\frac{3}{4}$ **2-3.** $\frac{5}{6}$

3.

$\frac{2}{5}$ $\frac{7}{8}$ $\frac{3}{4}$ $\frac{5}{9}$ $\frac{1}{6}$

20~21쪽

1-2. 3, 연 3개에 파란색을 칠하세요.
1-3. 4, 자동차 4대에 빨간색을 칠하세요.
1-4. 3, 별 3개에 노란색을 칠하세요.
1-5. 2, 그릇 2개에 초록색을 칠하세요.
1-6. 3, 우산 3개에 갈색을 칠하세요.
2-2. 2, 6   **2-3.** 2, 4
2-4. 2, 10

22쪽

1-1. $\frac{3}{6}$, $\frac{2}{4}$, 크기가 같은 분수예요.
1-2. $\frac{1}{3}$, $\frac{4}{8}$
1-3. $\frac{1}{2}$, $\frac{5}{10}$, 크기가 같은 분수예요.
2-2. 3   **2-3.** 4
2-4. 2   **2-5.** 2
2-6. 5

23쪽

1-2. $\frac{2}{3}$, 2칸에 색칠하세요.

1-3. $\frac{7}{9}$, 7칸에 색칠하세요.

1-4. $\frac{4}{5}$, 4칸에 색칠하세요.

2-1. $\frac{3}{5}$

2-2. $\frac{5}{6}$

2-3. $\frac{7}{8}$

2-4. $\frac{4}{7}$

2-5. $\frac{9}{10}$

2-6. $\frac{8}{8}$ 또는 1

2-7. $\frac{7}{9}$

2-8. $\frac{6}{6}$ 또는 1

2-9. $\frac{5}{5}$ 또는 1

24쪽

1-2. $\frac{3}{8}$

1-3. $\frac{2}{10}$

1-4. $\frac{4}{9}$

2-1. $\frac{1}{4}$

2-2. $\frac{1}{8}$

2-3. $\frac{3}{6}$

2-4. $\frac{3}{10}$

2-5. $\frac{1}{5}$

2-6. $\frac{2}{9}$

2-7. $\frac{0}{8}$ 또는 0

2-8. $\frac{3}{7}$

2-9. $\frac{1}{10}$

25쪽

1-2. >   1-3. <   1-4. >   1-5. <
1-6. <
2-1. >   2-2. <   2-3. >   2-4. >

26~27쪽

1-1. $\frac{2}{4}$, $\frac{3}{4}$, $\frac{4}{4}$

1-2. $\frac{1}{5}$, $\frac{2}{5}$, $\frac{3}{5}$, $\frac{4}{5}$

1-3. $\frac{3}{8}$, $\frac{4}{8}$, $\frac{6}{8}$, $\frac{7}{8}$

2-1. $\frac{6}{6}$, $\frac{4}{6}$, $\frac{3}{6}$, $\frac{1}{6}$

2-2. $\frac{9}{10}$, $\frac{7}{10}$, $\frac{6}{10}$, $\frac{3}{10}$

2-3. $\frac{7}{7}$, $\frac{6}{7}$, $\frac{4}{7}$, $\frac{3}{7}$

3-1. $\frac{3}{8}$, $\frac{5}{8}$, $\frac{7}{8}$

3-2. $\frac{5}{5}$, $\frac{4}{5}$, $\frac{2}{5}$

3-3. $\frac{7}{10}$, $\frac{6}{10}$, $\frac{3}{10}$

3-4. $\frac{5}{6}$, $\frac{3}{6}$, $\frac{2}{6}$

3-5. $\frac{1}{9}$, $\frac{4}{9}$, $\frac{7}{9}$

3-6. $\frac{7}{7}$, $\frac{5}{7}$, $\frac{4}{7}$

4-1. $\frac{3}{5}$

4-2. $\frac{6}{8}$

4-3. $\frac{5}{6}$

4-4. $\frac{4}{10}$

4-5. $\frac{2}{7}$

4-6. $\frac{6}{9}$

28~29쪽

1. $\frac{3}{5}$ 2. $\frac{3}{8}$, $\frac{5}{8}$ 3. 2   4. 4
5. 5   6. 12   7. 8   8. 16
9. 56

30~31쪽

1. $8 \times 6 = 48$, 48   2. $4 \times 9 = 36$, 36
3. $37 \times 4 = 148$, 148   4. $64 \times 6 = 384$, 384
5. $24 \div 3 = 8$, 8   6. $72 \div 9 = 8$, 8
7. $56 \div 4 = 14$, 14   8. $51 \div 3 = 17$, 17

런런 옥스퍼드 수학

4-5 곱셈과 나눗셈, 분수

초판 1쇄 발행 2022년 12월 6일
글·그림 옥스퍼드 대학교 출판부 **옮김** 상상오름
발행인 이재진 **편집장** 안경숙 **편집 관리** 윤정원 **편집 및 디자인** 상상오름
마케팅 정지운, 김미정, 신희용, 박현아, 박소현 **국제업무** 장민경, 오지나 **제작** 신홍섭
펴낸곳 (주)웅진씽크빅
주소 경기도 파주시 회동길 20 (우)10881
문의 031)956-7403(편집), 02)3670-1191, 031)956-7065, 7069(마케팅)
홈페이지 www.wjjunior.co.kr **블로그** wj_junior.blog.me **페이스북** facebook.com/wjbook
트위터 @wjbooks **인스타그램** @woongjin_junior
출판신고 1980년 3월 29일 제406-2007-00046호
원제 PROGRESS WITH OXFORD: MATH
한국어판 출판권 ⓒ(주)웅진씽크빅, 2022 **제조국** 대한민국

ISBN 978-89-01-26534-6
ISBN 978-89-01-26510-0 (세트)

잘못 만들어진 책은 바꾸어 드립니다.
주의 1. 책 모서리가 날카로워 다칠 수 있으니 사람을 향해 던지거나 떨어뜨리지 마십시오.
     2. 보관 시 직사광선이나 습기 찬 곳은 피해 주십시오.